Louis Figuier

Le Moteur
Électrique

Les Merveilles de la science

ISBN : 978-1519210784

10 9 8 7 6 5 4 3 2 1

Louis Figuier

Le Moteur Électrique

Les Merveilles de la science

Table de Matières

Le Moteur Électrique

L'électricité est-elle en état de remplacer la vapeur comme force motrice ? Le moteur électro-magnétique pourra-t-il se substituer un jour à la machine à vapeur ? On s'est quelque temps flatté de cet espoir, mais l'expérience et la théorie sont venues le renverser. Écarter les inventeurs et les praticiens d'une entreprise chimérique, c'est souvent leur rendre un signalé service. Seulement, il faut pour porter un tel jugement, pour justifier une telle conclusion, se baser sur un examen rigoureux de la question, au point de vue historique, expérimental et théorique. C'est ce que nous allons faire rapidement, dans cette notice.

Et d'abord, comment l'électricité peut-elle produire une force mécanique ? C'est ce qu'il faut avant tout établir.

Quand on rapproche jusqu'au contact les deux conducteurs d'une pile de Volta, les électricités, négative et positive, qui parcourent ces conducteurs, se réunissent, et leur combinaison mutuelle, c'est-à-dire la recomposition de l'électricité naturelle par la réunion des deux électricités contraires, donne naissance à ce que l'on a nommé le *courant électrique*.

En quoi consiste un *courant électrique*, considéré dans sa nature intime ? C'est là un mystère que personne n'a pu, jusqu'ici, approfondir, ou même soupçonner. Mais si l'essence même de ce phénomène est destinée à rester à jamais impénétrable à notre esprit, en revanche, ses effets sont facilement appréciables aux yeux, et ces effets sont admirables, autant par leur puissance que par leur étonnante variété.

Un courant électrique qui s'élance d'une pile en activité, peut produire les phénomènes suivants : 1° des effets physiques ; 2° des effets chimiques ; 3° des effets physiologiques ; 4° des effets mécaniques.

Les *effets physiques* produits par la pile de Volta, consistent dans un développement remarquable de chaleur et de lumière. Si les deux pôles, c'est-à-dire l'extrémité des deux conducteurs d'une pile en activité, sont réunis par un fil de métal, ce métal, quelle que soit sa résistance ordinaire à l'action du calorique, rougit, entre en fusion, tombe en perles incandescentes, et peut même disparaître à l'état de vapeurs. Si, au lieu d'un métal, on se sert de deux pointes de charbon, pour réunir les deux pôles, et qu'on rapproche ces deux pointes l'une de l'autre, à une certaine distance, sans toutefois les mettre en contact, on voit aussitôt une vive étincelle, ou plutôt un arc lumineux, s'élancer entre les deux conducteurs. Cette lumière jouit d'un si éblouissant éclat, qu'elle rappelle celle du soleil. C'est ainsi que l'on obtient l'*éclairage électrique*, dont nous aurons à parler dans la suite de cet ouvrage.

Les *effets chimiques* de la pile, se manifestent par la décomposition instantanée que le courant voltaïque fait subir à tous les corps composés que l'on soumet à son action. L'eau, les acides, les bases, les sels, en un mot, toutes les combinaisons de la nature et de l'art, peuvent être réduites à leurs éléments simples, par cette mystérieuse action. La galvanoplastie, la dorure et l'argenture par la pile, sont des applications industrielles de ce phénomène.

Les *effets physiologiques* de la pile sont assez connus pour qu'il soit inutile de s'y arrêter. Chacun sait qu'ils consistent en une commotion, d'un ordre particulier, que l'on éprouve lorsqu'on tient dans les mains, légèrement mouillées pour qu'elles soient conductrices du fluide électrique, les deux pôles d'une pile en activité.

En quoi consistent, enfin, les *effets mécaniques* de la pile de Volta ? C'est à ce dernier point qu'il convient de nous arrêter, puisque tel est l'objet que nous avons à considérer, pour étudier l'emploi de l'électricité comme agent moteur.

L'important phénomène physique sur lequel repose l'emploi de l'électricité comme puissance motrice, a été découvert, en 1820, par Arago et Ampère.

Si l'on fait circuler autour d'un barreau de fer AB (*fig.* 236), le courant d'une pile voltaïque en activité, en enroulant plusieurs fois le fil conducteur (préalablement entouré de soie afin d'éviter la dissémination de l'électricité d'une spire à l'autre), de manière à en former une sorte de bobine C, on aimante instantanément ce barreau. Aussi, un morceau de fer, étant approché à quelque distance de cet aimant artificiel, est-il fortement attiré.

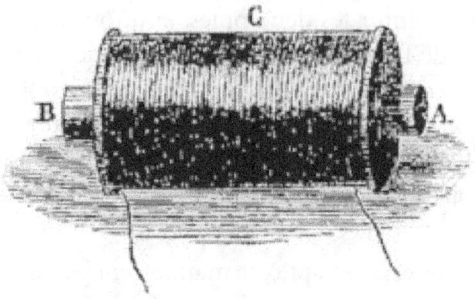

Fig. 236. — Barreau de fer aimanté par le passage d'un courant
électrique.

C'est sur ce phénomène physique qu'est fondé le télégraphe
électrique, qui consiste, comme on l'a vu dans les notices
précédentes, en un conducteur voltaïque venant s'enrouler un grand
nombre de fois autour, d'un petit barreau de fer. Transformé en un
aimant artificiel par le passage du courant électrique, ce barreau
métallique AB attire un autre morceau de fer qu'on lui présente,
et cesse de l'attirer si l'on interrompt le passage de l'électricité dans
le fil conducteur. C'est le mouvement mécanique, ainsi produit à
distance grâce à l'électricité, qui sert à former les signes dans la
plupart des télégraphes électriques.

Ce phénomène, dont on a tiré un si admirable parti dans les
télégraphes électriques, est aussi le même que l'on met à profit pour
appliquer l'électricité comme agent moteur. Admettez, en effet,
qu'au lieu de faire agir une pile très-faible, composée seulement
de huit à dix éléments, comme pour le télégraphe électrique, on
fasse usage d'un courant voltaïque d'une puissante intensité, de
deux cents à trois cents éléments par exemple, et qu'on enroule
un très-grand nombre de fois le fil conducteur XY enveloppé de
soie, autour d'un barreau de fer ACB, recourbé en forme de fer à
cheval (*fig.* 237), on aimantera ce barreau ACB, et l'on pourra, avec
ce puissant aimant artificiel attirant son armature K, soulever des
poids M, M, que l'on fait supporter par cette armature.

Louis Figuier

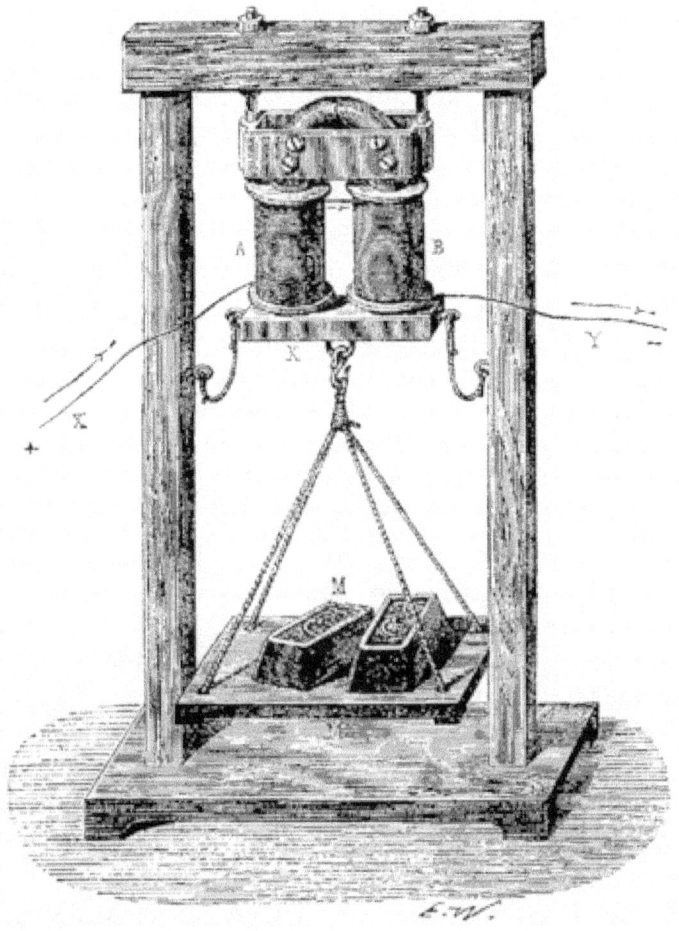

Fig. 237. — Électro-aimant en fer à cheval du cabinet de
physique de la Sorbonne.

M. Pouillet a fait construire pour la Faculté des sciences de
Paris, un électro-aimant capable de soulever un poids de 2 500
kilogrammes, et chaque année, dans le cours de physique de la
Sorbonne, on voit cet électro-aimant supporter une plate-forme
sur laquelle sept à huit élèves viennent s'asseoir.

Si l'on remarque maintenant, que cette puissance mécanique que l'on communique instantanément à un barreau de fer, en mettant simplement le fil conducteur d'une pile de Volta en communication avec ce barreau, peut lui être enlevée avec la même rapidité, en interrompant cette communication, on comprendra comment et par quels moyens, l'électricité peut être employée comme agent mécanique ; on comprendra qu'un électro-aimant artificiel, disposé comme nous venons de l'indiquer, puisse constituer à lui seul un appareil moteur. En établissant et détruisant très-rapidement la communication de cet électro-aimant avec la pile voltaïque, on peut provoquer, alternativement, et dans un temps très-court, l'élévation et la chute d'une masse de fer placée en regard de l'aimant artificiel. Si, à cette masse de fer mise de cette manière en mouvement continuel, on adapte une tige propre à communiquer le mouvement à un arbre moteur, on aura, en définitive, construit une véritable machine motrice, c'est-à-dire le *moteur électrique* dont nous avons à parler.

Nous venons d'exposer le principe général sur lequel repose la construction des moteurs électriques. Jetons maintenant un coup d'œil sur la série des tentatives qui ont été faites jusqu'à ce jour, pour transporter ce principe dans la pratique. Après avoir passé en revue les résultats de ces différents essais, nous pourrons plus facilement discuter la valeur de ce moteur, et chercher si l'on peut songer sérieusement à le faire entrer en lutte avec la vapeur, pour la production d'une force mécanique applicable à l'industrie.

C'est peut-être s'imposer un soin d'une importance médiocre, que de rechercher quel a pu être le premier créateur d'un moteur électrique. Il est évident, en effet, qu'après la grande découverte d'Œrsted, qui avait constaté, avant aucun autre physicien, le phénomène de l'attraction magnétique par les courants voltaïques ; après les essais de Sturgeon, qui donna, le premier, les moyens d'augmenter l'intensité de l'aimantation du fer, la pensée dut s'offrir à un grand nombre de physiciens, de consacrer ce mouvement d'attraction du fer à produire un travail mécanique. Cependant, comme il n'existe guère aujourd'hui d'autre récompense, d'autre satisfaction pour les savants, que de voir leurs travaux signalés à l'attention et à la reconnaissance du public, nous dirons, pour rapporter à leur véritable auteur le mérite des premiers essais dans l'ordre de recherches qui nous occupe, que la plus ancienne tentative pour appliquer à un travail utile l'action des aimants artificiels, appartient à l'abbé Salvator dal Negro, savant ecclésiastique de Padoue, qui se consacrait avec succès à l'étude des phénomènes électriques. En 1831, l'abbé dal Negro essaya de tirer un parti mécanique de l'électro-magnétisme, à l'aide d'un instrument que l'on trouve décrit dans la quatrième partie d'un mémoire de ce savant sur le *magnétisme temporaire* imprimé dans le tome IV des *Actes de l'Académie des sciences, lettres et arts, de Padoue.*[1]

Ce n'est pourtant que quelques années après, que la science s'est enrichie des notions rigoureuses concernant l'emploi mécanique de l'électricité. En 1834, M. Jacobi, qui devait s'illustrer bientôt, par la découverte de la galvanoplastie, présenta à l'Académie des sciences de Saint-Pétersbourg un mémoire sur l'*application de l'électro-magnétisme au mouvement des machines*, où cette question se trouvait étudiée d'une manière approfondie. Dans ce travail, qui fut également communiqué à l'Académie des sciences de Paris (le 1er décembre 1834), l'auteur soumettait à un calcul attentif tous les éléments à considérer pour l'application pratique de la force électro-motrice.[2]

L'appareil proposé par M. Jacobi, pour appliquer l'électricité au mouvement des machines, se composait de deux disques métalliques placés verticalement l'un au-dessus de l'autre, portés sur un axe commun, et munis tous les deux, de barreaux de fer doux disposés sur leur pourtour. Ces barreaux de fer, placés en regard et presque en contact l'un avec l'autre, par leur extrémité libre, étaient disposés de telle sorte que les extrémités libres des barreaux d'un même disque, constituaient alternativement des pôles magnétiques de nom contraire. L'un de ces disques était fixe,

1 L'appareil électro-magnétique de l'abbé dal Negro se trouve aussi mentionné dans le *Polygraphe de Vérone*, avril 1832, et dans le *Journal des beaux-arts et de technologie de Venise*, pour 1833, p. 67, sous ce titre : *Nuova machina elettro-magnetica immaginata dall'abbate Salvatore dal Negro*. La description complète du même appareil a été donnée dans le second cahier (mars et avril 1834) des *Annales du, royaume lombardo-vénitien*. On fait connaître, dans ce mémoire, divers moyens de profiter de l'électro-magnétisme pour mettre en mouvement une machine propre à soulever un poids. Disons, enfin, que le même travail fut présenté le 10 mars 1834 à l'Académie des sciences de Paris.

2 Ce mémoire de M. Jacobi a été reproduit dans les *Archives de l'électricité* de M. de La Rive, année 1843, p. 233.

et l'autre mobile autour de l'axe. Il résultait de cette disposition que, par suite de l'attraction électro-magnétique qui s'exerçait entre les pôles opposés des électro-aimants (le pôle nord et le pôle sud), lorsque les barreaux de fer du disque mobile occupaient le milieu des intervalles qui séparaient les barreaux de fer du disque fixe, les attractions et les répulsions mutuelles qui s'établissaient entre les pôles opposés de tous ces aimants faisaient tourner le disque mobile. L'axe du disque ainsi mis en mouvement pouvait donc servir à mettre en action un arbre moteur.

L'empereur Nicolas attachait beaucoup d'importance aux travaux de M. Jacobi. Une somme de 60 000 francs fut accordée à ce physicien, sur la cassette impériale, pour continuer ses recherches, exécuter en grand son appareil et l'appliquer, dans une expérience décisive, à un travail mécanique.

Pendant l'année 1839, l'appareil que nous venons de décrire fut, en effet, installé sur une chaloupe, et l'on en fit l'essai sur la Newa. Mais cette expérience ne donna que des résultats défavorables, qui déterminèrent l'abandon des recherches entreprises par le professeur de Dorpat.

M. Jacobi n'a pas même publié dans le *Bulletin de l'Académie de Saint-Pétersbourg* la relation exacte de l'expérience exécutée sur la Newa. Nous tenons de lui les détails qui vont suivre.

L'appareil voltaïque qui fournissait l'électricité au moteur électrique de M. Jacobi, était une pile de Grove, composée de 64 couples zinc et platine, qui offraient une superficie totale de 16 pieds carrés. Mais le jour où fut exécutée l'expérience publique que nous rappelons, une seconde machine toute pareille, et munie d'une pile de la même force, fut ajoutée à la première ; ces deux machines, couplées, réunirent leurs effets, en agissant sur le même arbre. La pile qui fut employée était donc composée de 128 couples de Grove et offrait une superficie totale de 32 pieds carrés. La puissance du courant électrique était telle, qu'un fil de platine long de 2 mètres, et de la grosseur d'une corde de piano, fut immédiatement rougi sur toute son étendue, par le courant voltaïque.

Le dégagement du gaz nitreux provenant de la pile, était si intense qu'il incommodait au plus haut degré les opérateurs, et qu'il les obligea plusieurs fois à interrompre l'expérience. Les spectateurs qui, des rives de la Newa, assistaient à cette épreuve, furent contraints eux-mêmes de quitter la place, en raison de l'odeur pénible et suffocante du gaz nitreux qui s'échappait de l'appareil et qui était poussé par le vent, vers les bords du fleuve.

Fig. 238. — Expérience faite sur la Newa, par M. Jacobi, en 1839, avec un moteur électrique.

La chaloupe, qui était munie de roues à palettes et montée par douze personnes, navigua pendant plusieurs heures sur les eaux de la Newa, contre le courant et malgré un vent violent. Mais hâtons-nous de dire, pour rectifier l'évaluation inexacte que ce fait pourrait donner de la puissance qui fut développée dans cette occasion, que la puissance du moteur électro-magnétique, estimée approximativement, ne représenta que les trois quarts de la force d'un cheval-vapeur.

Un si faible effet mécanique, déterminé par un courant électrique d'une activité si considérable, démontra à l'auteur et aux spectateurs de cette expérience, qu'il serait impossible d'appliquer cette machine à un travail industriel. M. Jacobi, en soumettant la question au calcul, dans un mémoire digne encore d'être médité, prouva, peu de temps après, que l'électro-magnétisme ne pouvait donner lieu à aucun emploi utile comme agent moteur.

Ces tentatives pour l'application de la force électro-motrice, qui venaient d'échouer sur les bords de la Newa, furent reprises l'année suivante, en Amérique. Cependant, avant de nous transporter aux États-Unis, nous pouvons signaler quelques idées émises en France, à la même époque.

En 1840, MM. Patterson présentèrent à l'Académie des sciences de Paris une machine qui devait être consacrée, au dire des inventeurs, à l'impression d'un journal hebdomadaire. C'était promettre beaucoup à une époque où les applications de l'électro-magnétisme étaient encore enveloppées de tant d'obscurité et d'incertitude. Ce projet n'eut aucune suite. L'appareil de MM. Patterson est digne pourtant d'être mentionné.

Il consistait en une roue portant sur sa circonférence, deux morceaux de fer doux, placés chacun à des distances égales. Par le mouvement de la roue, ces morceaux de fer venaient passer devant deux aimants artificiels, dont l'aimantation était subitement interrompue au moment où les morceaux de fer se trouvaient en présence et presque au contact de ces aimants. La roue continuait alors à marcher par sa vitesse acquise, et à l'aide d'une disposition particulière, facile à imaginer, le courant électrique se trouvait rétabli lorsque plus de la moitié de l'espace qui séparait les morceaux de fer, avait été parcourue. Pour déterminer à volonté la direction du mouvement de droite à gauche ou de gauche à droite, il suffisait de commencer l'attraction, tantôt un peu en avant, tantôt un peu après le milieu de l'intervalle qui séparait les deux morceaux de fer attirables. Enfin, pour changer le mouvement pendant la marche de la machine, on déplaçait d'une petite quantité l'appareil qui servait à établir et à supprimer la communication électrique.

La pierre de touche en ces sortes de recherches, c'est-à-dire l'application pratique, manqua à l'appareil de MM. Patterson ; mais il en fut autrement d'une machine presque toute semblable, qui fut construite, en 1840, à New-York, par M. Taylor. D'après le *Mechanic's Magazine*[1] l'appareil de M. Taylor fut employé avec un succès complet pour mettre en marche un petit tour de bois.

---

1 Mai 1840.

Un appareil du même genre fut soumis en Ecosse, en 1842, à une expérience qui mérite d'être rapportée. Après avoir perfectionné l'appareil à roue de Patterson, M. Davidson l'installa sur une locomotive, qui fut mise en mouvement, avec une vitesse de 2 lieues à l'heure, sur le chemin de fer d'Edimbourg à Glasgow. La locomotive était montée sur quatre roues d'un mètre de diamètre, et elle traînait un poids de six tonnes.[1]

Ici se placeraient, si l'on tenait à rendre complet ce rapide aperçu historique, quelques tentatives faites en France et qui sont représentées par quelques brevets accordés à diverses personnes. Mais dans cette question, comme dans toutes celles du même genre, on ne peut tenir sérieusement compte de simples mentions contenues dans un brevet ; on ne doit s'attacher qu'aux expériences constatées et aux appareils qui ont été mis en pratique. Nous sommes obligé, pour rester dans cette voie, de revenir aux États-Unis.

Les Américains, que l'on est sûr de trouver en première ligne toutes les fois qu'il s'agit de l'application des sciences à l'industrie, n'avaient cessé de s'occuper de l'étude des moteurs électriques depuis que Jacobi avait fait entrevoir, par son expérience sur la Newa, la possibilité de tirer parti de l'électricité comme agent mécanique. Nous avons déjà parlé des essais de M. Taylor, à New-York. Il y aurait injustice à ne pas signaler aussi les travaux d'un autre physicien de New-York, M. Elijah Paine, qui fit exécuter, en 1849, un moteur électrique à balancier, qu'il destinait aux navires.

La machine de M. Elijah Paine, parfaitement étudiée dans sa construction, était composée d'un balancier portant, à chacune de ses extrémités, une tige de fer. Chacune de ces tiges, alternativement attirée par un électro-aimant, agissait sur le balancier pour le mettre en action ; ce dernier transmettait ensuite son mouvement à la manivelle d'un arbre moteur. Le *commutateur*, c'est-à-dire l'appareil destiné à provoquer le passage alternatif du courant voltaïque dans les deux électro-aimants, consistait en une sorte de manchon garni de lames d'argent, appareil qui fut breveté en France, en 1849. Cependant l'expérience ne répondit pas à l'espoir que l'auteur avait fondé sur les effets de cet appareil.

Des résultats de quelque importance paraissent avoir été obtenus

---

1 *Civil engineer's Journal*, octobre 1842.

à Washington, en 1850, par le professeur Page.

Le *National Intelligencer*, journal des États-Unis, rapportait, dans les termes suivants, les expériences du physicien de Washington, qui avaient produit une certaine sensation en Amérique.

« Le professeur Page, dans le cours qu'il professe à l'Institut de Smithson, a établi comme indubitable qu'avant peu l'action électro-magnétique aura détrôné la vapeur et sera le moteur adopté. Il a fait en ce genre, devant son auditoire, les expériences les plus étonnantes. Une immense barre de fer, pesant 160 livres, a été soulevée par l'action magnétique, et s'est mue rapidement de haut en bas, dansant en l'air comme une plume, sans aucun support apparent La force agissant sur la barre a été évaluée à environ 300 livres, bien qu'elle s'exerçât à 10 pouces de distance.

« On ne peut se faire une idée du bruit et de la lumière de l'étincelle lorsqu'on la tire en un certain point de son grand appareil : c'est un véritable coup de pistolet. À une très-petite distance de ce point, l'étincelle ne donne aucun bruit.

« Le professeur a montré ensuite sa machine d'une force de 4 à 5 chevaux, que met en mouvement une pile contenue dans un espace de 3 pieds cubes. C'est une machine à double effet, de 2 pieds de course, et le tout ensemble, machine et pile, pèse environ une tonne (un peu plus de 1 000 kilogrammes). Lorsque l'action motrice lui est communiquée, la machine marche admirablement, donnant 114 coups par minute. Appliquée à une scie circulaire de 10 pouces de diamètre, laquelle débitait en lattes des planches d'un pouce et demi d'épaisseur, elle a donné par minute 80 coups. La force agissant sur ce grand piston dans une course de 2 pieds, a été évaluée à 600 livres quand la machine marche lentement. Le professeur n'a pas pu apprécier au juste quelle est la force déployée lorsque la machine marche avec vitesse de travail, bien qu'elle soit beaucoup moindre. »

Le récit qui précède renferme des évaluations dynamométriques beaucoup trop vagues pour qu'elles ne soient pas singulièrement exagérées en ce qui concerne la puissance de la machine. Il ne nous fournit aucune description du moteur électrique de M. Page ; mais il est facile de suppléer à cette lacune, car l'inventeur américain prit une patente en Angleterre, et un brevet en France le 9 septembre

1850, bien que son appareil eût déjà été décrit dans quelques recueils scientifiques.[1]

Le moteur électrique de M. Page repose sur l'emploi des électro-aimants creux. Voici ce que l'on entend par cette disposition particulière des aimants artificiels. Si l'on réunit une série d'hélices de cuivre (*fig.* 239), de manière à en former un cylindre creux AB ; que l'on place une tige de fer CC, dans l'intérieur du cylindre formé par la réunion de ces hélices, et que l'on fasse circuler le courant électrique dans ces hélices, quand on viendra, par un moyen quelconque, avec la main par exemple, à élever en l'air la tige de fer CC, elle retombera dans le cylindre dès qu'on l'abandonnera à elle-même, attirée par l'action magnétique, comme par un ressort.

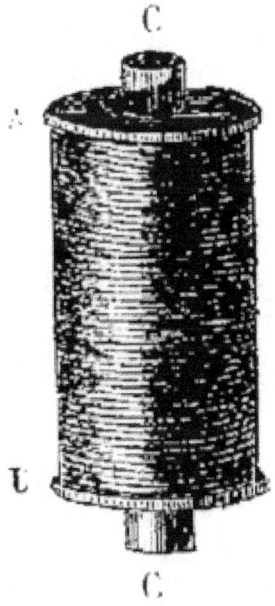

Fig. 239. — Électro-aimant creux.

C'était ainsi qu'étaient disposés les aimants artificiels dans la machine de M. Page, qui offrait, dès lors, à peu près la forme de nos machines à vapeur à cylindre ; seulement les cylindres n'avaient

1 Le mémoire de M. Page est rapporté dans la *Bibliothèque universelle de Genève*, t.XVI, pages 54 et 231.

pas de couvercle, ils étaient ouverts à leurs deux extrémités. Comme dans nos machines à vapeur, cette sorte de tige de piston que représente le barreau de fer mis en mouvement de haut en bas et de bas en haut par l'action électro-magnétique, servait à faire tourner un arbre de couche, au moyen d'une manivelle. Enfin, comme dans nos machines à vapeur, ce cylindre pouvait être disposé verticalement ou horizontalement.

La machine qui servit aux expériences de M. Page était verticale ; elle se composait de deux aimants creux, contenant chacun un fil de cuivre d'une longueur de 1 500 mètres environ. Si l'on n'avait fait usage dans chaque cylindre que d'une seule hélice, c'est-à-dire d'un seul courant électro-magnétique, par suite du déplacement de la tige de fer et de son élévation partielle hors du cylindre, l'attraction magnétique n'aurait pas été entièrement utilisée. M. Page avait remédié à cet inconvénient par une disposition ingénieuse et qui constitue le mérite principal de sa machine. Chaque bobine se composait d'une suite d'hélices, courtes, indépendantes les unes des autres, et mises en action d'une manière successive, grâce à un commutateur ; dès lors, la tige de fer était tirée de haut en bas, avec un mouvement uniforme. Les deux tiges-piston étaient deux barres cylindriques de fer doux, longues de 3 pieds et de 6 pouces de diamètre ; leur course était de 2 pieds. À l'aide d'un levier et d'une bielle, elles venaient agir sur l'axe d'une roue, pour lui imprimer un mouvement de rotation : cette roue, ou volant, était du poids de 600 livres.

Malgré l'assertion du journal américain cité plus haut, il est établi que la machine de M. Page ne dépassait pas la force de la moitié d'un cheval-vapeur.

D'après M. Armengaud, qui a donné dans sa *Publication industrielle*[1] une courte et intéressante notice sur les moteurs électriques, la pile électrique, qui servit aux expériences de M. Page, était formée de 40 éléments de Grove ; chaque plaque avait 25 centimètres de côté.

C'est avec le secours du gouvernement américain que le professeur Page avait exécuté les expériences que nous venons de rapporter ; l'amirauté des États-Unis lui avait alloué, à cet effet, une somme de cent huit mille francs.

1 T. VIII, p. 106.

Louis Figuier

Depuis l'année 1850, époque à laquelle furent publiées ces expériences, on n'a plus entendu parler de la machine du professeur américain. Il est donc probable que les résultats qu'elle a fournis dans des essais ultérieurs, n'ont point répondu aux promesses de l'inventeur.

Comment expliquer les insuccès constants des divers moteurs électriques qui ont été construits, dans ces dernières années, en Europe et aux États-Unis ? Ils tenaient à deux circonstances qu'il importe de signaler.

On avait toujours admis qu'avec les moteurs électriques on pouvait conclure d'un essai en petit à l'application en grand ; on avait pensé, en d'autres termes, qu'en augmentant l'énergie du courant électrique et la grandeur des électro-aimants, on augmenterait dans le même rapport la puissance de la machine. Jamais cependant ce résultat n'a pu être obtenu ; le même modèle qui, en petit, produisait d'excellents effets, quand on l'exécutait en grand ne fonctionnait que d'une manière imparfaite et tout à fait hors de proportion avec l'augmentation donnée aux différentes pièces de l'appareil.

À quelles causes doit-on attribuer ce mécompte ? Ces causes nous paraissent les suivantes.

Toutes les fois que l'on a voulu reproduire en grand un modèle exécuté en petit, on a accru, dans la même proportion, les rapports de toutes les pièces ; mais on a oublié, dans cette circonstance, le rapide décaissement que la force électro-magnétique éprouve avec la distance. Aussi quand on a accru proportionnellement aux autres éléments de la machine, la distance entre les électro-aimants et les lames de fer doux, a-t-on fait perdre à l'appareil une grande partie de son intensité attractive. Il aurait fallu accroître beaucoup moins cet intervalle, pour ne rien perdre de la force attractive des aimants.

Une autre circonstance a rendu difficile la construction de moteurs électriques d'une grande puissance. Quand on veut augmenter l'intensité du courant voltaïque, le *commutateur*, c'est-à-dire l'appareil destiné à établir et interrompre successivement le passage de l'électricité qui doit provoquer les attractions magnétiques, est rapidement détruit, parce que toutes les fois qu'il y a interruption d'un courant électrique d'une très-grande intensité, il se manifeste de vives étincelles qui amènent la combustion, c'est-à-dire l'oxydation du métal, ce qui entraîne la destruction de cette partie délicate de l'appareil.

Fig. 240. — Gustave Froment.

Gustave Froment, ancien élève de l'École Polytechnique, mort en 1863, et qui était regardé comme le premier artiste de l'Europe pour les instruments de précision, était parvenu à beaucoup atténuer cette difficulté, et avait fait ainsi avancer d'un grand pas la question des applications mécaniques de l'électricité. Il subdivisait le fil conducteur, destiné à produire l'action électro-magnétique dans les diverses bobines et dans le commutateur. Au lieu d'un seul conducteur, qui rougit et entre en fusion par l'afflux d'une masse d'électricité, Froment partageait ce fil en un grand nombre de petits conducteurs (50 ou 60), qui allaient ensuite se distribuer au commutateur et aux diverses bobines électro-magnétiques. Dès lors, le commutateur n'étant traversé que par un courant assez faible, n'éprouve aucune altération.

Grâce à cette disposition, on a pu faire usage, dans de grands moteurs électriques, de courants voltaïques. Ainsi fut heureusement levé l'un des obstacles qui avaient arrêté jusque-là les physiciens dans la création des moteurs électriques de grande dimension.

On ne sera donc pas étonné d'apprendre que les appareils construits par Froment représentent la solution la plus avantageuse que l'on possède aujourd'hui, du problème de l'électro-magnétisme appliqué au mouvement des machines.

Parmi tous les physiciens et les constructeurs qui se sont adonnés à l'étude des applications mécaniques de l'électricité, Froment doit être placé au premier rang. Les moteurs électriques servent depuis plus de vingt ans, à mettre en action une partie de ses ateliers. Les petits tours et les machines à diviser qui servent à exécuter les instruments de précision, et ces règles microscopiquement divisées, qui excitent une admiration universelle, sont mis en action par un moteur électrique.

Froment a construit un grand nombre de modèles de moteurs électriques. Nous décrirons en particulier trois de ces instruments.

Le premier est représenté par la figure 241, d'après le modèle que M. Bourbouze a fait construire pour la Faculté des sciences de Paris.

Fig. 241. — Le moteur électrique du cabinet de physique de la

Faculté des sciences de Paris.

Cet appareil se compose de quatre cylindres creux, comme ceux qui entrent dans la composition du moteur électrique de M. Page. Sur la figure 241 on ne voit que deux de ces bobines A, B ; mais deux autres toutes pareilles sont placées au second plan. Chacune de ces quatre bobines creuses verticales, renferme deux cylindres de fer doux C, D, qui sont interrompus au milieu de la bobine, et dont les extrémités sont placées en regard. Les demi-cylindres intérieurs sont fixés invariablement, comme les bobines, sur un plateau horizontal de bois. Les demi-cylindres extérieurs sont mobiles et peuvent glisser dans l'intérieur des bobines. Le courant électrique passe alternativement d'une paire de bobines dans l'autre. Il y a, chaque fois, attraction réciproque entre les demi-cylindres fixe et les demi-cylindres mobiles placés dans la bobine. Ces derniers seuls se mettent en mouvement, et entraînent avec eux le balancier EG, articulé à l'extrémité d'un levier coudé GHK, qui communique un mouvement de rotation à un volant V.

Le volant V fait marcher le *commutateur*. Il est muni d'un excentrique I qui imprime à une tringle métallique un mouvement de va-et-vient, et met en communication le fil conducteur de la pile *efh*, tantôt avec une paire de bobines, tantôt avec l'autre, à l'aide du *commutateur*.

La figure 242 fera comprendre la disposition des demi-cylindres à l'intérieur de la bobine. On aperçoit dans cette figure, les demi-cylindres de fer C destinés à agir sur le balancier et le volant de la figure 241, Ces demi-cylindres C pénètrent à l'intérieur des bobines creuses A, jusque près du milieu de leur hauteur. D'autres demi-cylindres C', aussi de fer, remplissent la moitié inférieure du vide des bobines creuses A. Une barre de fer qui passe au-dessous de ces mêmes cylindres les réunit l'un à l'autre et en forme un système unique. On a donc, en réalité, deux pièces distinctes CC, C'C', dont chacune à la forme d'un fer à cheval, et qui sont toutes deux placées de manière à pouvoir se transformer en aimants, sous l'influence du courant électrique qui circule à l'intérieur des bobines A. Dès lors, les deux aimants artificiels ont leurs pôles de noms contraires en présence, et par conséquent ils s'attirent ; l'aimant C'C' étant fixé, c'est l'aimant CC qui se met en mouvement, et qui abaisse ainsi l'extrémité E du balancier (fig. 241). Lorsque ce mouvement est produit, le courant électrique cesse de passer autour des cylindres A ; les pièces CC, C'C', ayant perdu leur aimantation, cessent de s'attirer. Mais, en même temps, le courant vient passer autour des bobines B (fig. 241). Par conséquent, la pièce de fer D, étant aimantée, est attirée vers le bas, ce qui détermine un abaissement du point G du balancier. Le courant électrique, après avoir produit cet effet, vient de nouveau passer autour de la bobine A, et il s'établit de cette façon un mouvement continu.

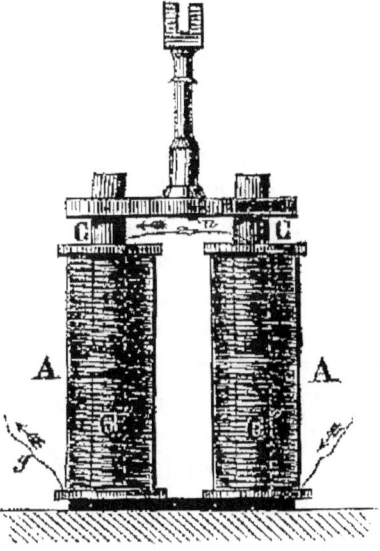

Fig. 242

Cependant une telle machine ne pourrait fournir de bons résultats, en raison du mauvais choix du point d'application de la force. Il est certain que si on l'exécutait en grand, l'intensité de l'attraction magnétique serait loin de s'accroître selon les proportions données aux bobines et aux cylindres qu'elles renferment.

Froment avait construit, pour le service de ses ateliers, un autre appareil auquel il renonça plus tard, et que nous allons pourtant décrire.

Cet appareil se compose d'un cadre circulaire disposé suivant un plan vertical, et sur lequel sont fixés, à des distances égales les uns des autres, un certain nombre d'électro-aimants, dont les axes viennent tous converger vers le centre de figure du cadre. Une roue de cuivre, munie d'un nombre correspondant de lames de fer doux, se trouve placée à l'intérieur de ce cadre, de manière à pouvoir rouler sur sa surface intérieure en présentant successivement chaque lame de fer doux aux électro-aimants qui lui sont opposés.

Voici comment cette machine est mise en action, et comment elle peut transmettre son mouvement au dehors.

Supposons d'abord l'appareil au repos, et l'une des lames de fer doux à une certaine distance de l'électro-aimant qui lui correspond. Si l'on fait passer le courant électrique à travers le fil qui s'enroule autour de cet électro-aimant, celui-ci s'aimantera aussitôt et attirera à lui la pièce de fer doux, qui entraînera avec elle la roue mobile ; le mouvement se continuera jusqu'à ce qu'il y ait contact entre la lame de fer doux et l'électro-aimant. Mais, en cet instant, le courant électrique, à l'aide d'un artifice mécanique particulier, se transmet à l'électro-aimant suivant, qui s'aimante à son tour, tandis que le premier retombe dans son indifférence primitive. N'étant plus retenue en ce point, la roue cédera à l'attraction qui s'exerce entre le nouvel électro-aimant et la lame correspondante de fer doux, et se mettra en mouvement comme dans le premier cas. Le même effet ayant lieu successivement pour tous les autres électro-aimants, il en résultera, en définitive, que la roue mobile, obéissant à chacune de ces impulsions, recevra un double mouvement continu de rotation autour de l'axe de la machine et autour de son centre, qui se déplacera en décrivant une circonférence. Ainsi le mouvement de cette roue intérieure est tout à fait comparable au mouvement des planètes, qui, comme la terre, par exemple, obéissent à un double mouvement : un mouvement de rotation sur elles-mêmes et un mouvement de translation autour du soleil.

Dans la machine de Froment, la roue intérieure, animée du double mouvement que nous venons d'expliquer, est attachée, par son centre, à l'extrémité d'un essieu coudé en forme de manivelle, qui se trouve ainsi mis en mouvement.

L'appareil que nous venons de décrire n'est point celui qui sert aujourd'hui, comme moteur, dans les ateliers de Froment. Voici les dispositions essentielles de celui qui fonctionne dans son atelier, et qui est fondé sur un autre principe.

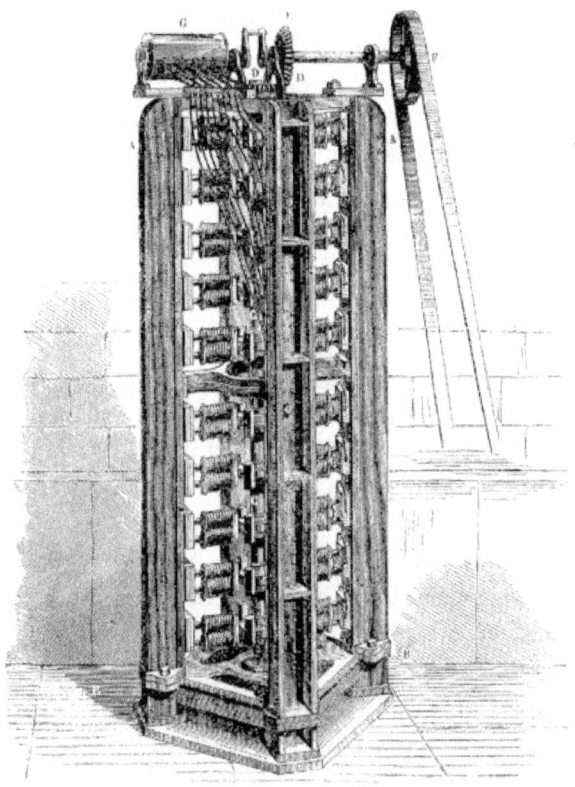

Fig. 243. — Le moteur électrique vertical de Froment.

Dans sa plus grande simplicité, le moteur électrique vertical de Froment (*fig.* 243) se compose de quatre montants verticaux de fonte, AB, de 2 mètres de hauteur, solidement fixés sur un socle horizontal, et reliés entre eux à leur partie supérieure. Ces montants portent chacun, dans le sens de leur longueur, dix électro-aimants en fer à cheval, dont les pôles sont situés dans un même plan vertical et convergent tous vers l'axe du système. Un arbre vertical CC, placé entre les quatre montants, porte, sur toute sa longueur, des lames de fer doux disposées en spirale, et qui, dans leur mouvement de rotation, s'approchent l'une après l'autre des électro-aimants qui leur correspondent, pour être successivement attirées par eux, en rasant leur surface. Cet arbre vertical CC, transmet le mouvement de rotation dont il est animé, à un autre arbre horizontal F, au moyen de deux engrenages, ou *roues d'angles* D et E. Il met encore en action le *commutateur* G, c'est-à-dire le petit appareil placé à la partie supérieure de la machine, qui interrompt le courant voltaïque et le fait passer d'un électro— aimant à l'autre.

Les deux moteurs électriques de Froment que nous venons de décrire sont les meilleurs, sans aucun doute, que l'on possède aujourd'hui ; ils permettent de tirer le plus grand effet utile de l'électricité dans l'état actuel de nos connaissances sur ce sujet.

En 1866, on a vu naviguer sur le lac du Chalet, au bois de Boulogne, à Paris, un bateau mû par un moteur électrique. Ce moteur était conçu sur les mêmes principes que celui de Froment, que nous venons de décrire. Il avait été construit par un amateur distingué des sciences, le comte de Molin, homme de mérite et homme de bien, qui est mort en 1866, laissant sa tentative inachevée.

Le moteur électrique construit par le comte de Molin, était employé à faire marcher un bateau en fer, à fond plat, sans quille, lesté d'une charge de plusieurs milliers de kilogrammes.

L'appareil se compose d'une roue verticale en bronze, munie sur chacun de ses côtés, de seize armatures, opposées à deux séries de seize électro-aimants, qui sont fixés sur deux cercles concentriques avec la roue, et placés d'un côté et de l'autre de celle-ci. La roue qui porte les armatures ne tourne pas, elle oscille seulement autour d'un axe horizontal, de manière que chaque armature arrive au contact d'un électro-aimant, après s'en être rapprochée peu à peu.

Lorsqu'on considère quatre armatures successives, trois sont respectivement à un demi-millimètre, à un millimètre et à un millimètre et demi de leurs électro-aimants, au moment où la quatrième arrive au contact. Mais, à ce moment, le courant est interrompu ; l'électro-aimant, qui était au contact, perd son magnétisme, et l'armature s'en détache, pour y revenir plus tard. Il y a donc constamment en jeu une attraction considérable entre les armatures et les électro-aimants, qui ne se touchent pas encore. Cette attraction est la force motrice du système.

Le principe de cet appareil est le même, avons-nous dit, que celui du moteur électrique vertical de Froment que nous venons de décrire. La régularité de son jeu dépend du soin avec lequel on entretient la propreté du commutateur. Aussi M. de Molin maintenait-il cet organe dans une auge remplie d'eau légèrement alcaline, qu'on renouvelait de temps à autre. Le courant électrique est fourni par une pile de vingt éléments de Bunsen. L'arbre de couche agit sur les deux roues à aubes du bateau, par l'intermédiaire de deux chaînes à la Vaucanson.

Le bateau de M. de Molin put remonter le lac contre le vent, tout en portant quatorze personnes, ce qui équivaut à l'effort de deux bons rameurs.

Parmi les appareils électro-moteurs, on peut citer, après ceux de Froment, mais à une distance inférieure, un moteur électromagnétique dû à M. Larmenjeat. Cet appareil, conçu sur un principe simple et nouveau, serait peut-être susceptible de rendre quelques services dans la pratique.

Sur un arbre commun, cylindrique et allongé, sont disposés cinq ou six électro-aimante circulaires, séparés les uns des autres par des rondelles mi-partie fer et cuivre, métal qui ne peut s'aimanter, comme le fer, par l'influence électrique. Contre cet arbre, qui porte à la fois les électro-aimants et les rondelles fer et cuivre, viennent s'appliquer cinq ou six cylindres de fer doux, mobiles sur leur axe, et tournant sur des pivots placés à leurs deux extrémités. Ces rondelles sont disposées sur l'arbre, de manière à constituer une ligne en spirale. Il résulte de l'interruption dans l'action magnétique déterminée par la présence du cuivre, métal non électromagnétique, que chacun des électro-aimants, recevant alternativement le courant voltaïque, se trouve attiré successivement par les cylindres de fer doux. Cette série d'attractions qui s'exercent sur toute la longueur de l'axe, et sur des points convenablement choisis, fait tourner l'arbre, et par conséquent aussi le volant porté sur cet arbre.

Cette machine de M. Larmenjeat présente une intéressante application pratique des *électro-aimants circulaires* découverts et proposés, par M. Nicklès, professeur à la Faculté des sciences de

Nancy.

M. Loiseau, constructeur de Paris, avait présenté à l'Exposition universelle de 1855, un moteur électrique ainsi construit. Quatre électro-aimants étaient groupés sur un arbre vertical. Cet arbre faisait corps avec six lames de fer doux disposées dans un même plan horizontal, et qui étaient attirées l'une après l'autre, par les électro-aimants, comme sur tous les moteurs électriques. Par suite de cette disposition, les lames de fer ne sont pas attirées par les électro-aimants dans le sens de leur axe, elles ne font que glisser à leur surface. Comme dans tous les appareils de ce genre, c'est la machine elle-même qui fait agir le *commutateur* destiné à interrompre le courant.

Dans une autre machine construite par M. Loiseau, les lames de fer doux étaient remplacées par des électro-aimants, et ces électro-aimants étaient placés sur un plateau de cuivre qui faisait corps avec l'arbre de la machine, et participait ainsi à son mouvement.

Ces deux appareils de M. Loiseau n'étaient qu'une imitation de la machine de Jacobi, exécutée en 1839, et dont la pratique a démontré l'inefficacité.

Un moteur électrique plus digne d'attention que le précédent, est celui qui a été construit par M. Roux, chef de service au chemin de fer de Paris à Lyon, et que l'on voyait à l'Exposition de 1855. Il fonctionnait tous les jours sous les yeux du public, qui se montrait assez intrigué de voir ce petit appareil en mouvement du matin au soir, sans emprunter à la vapeur ni à aucun autre moyen visible la force dont il était animé.

Le moteur électromagnétique de M. Roux se compose de deux plaques de fer doux, suspendues chacune à deux tringles attachées à un cadre vertical de bois au moyen de charnières, ce qui leur permet d'osciller, pour ainsi dire autour, de ce double point d'appui, à la façon d'un pendule, en conservant toutefois leur horizontalité. Au-dessous de chacune des lames, se trouve un électro-aimant, de forme à peu près demi-circulaire et dont l'invention est due à M. Nicklès. Ces électro-aimants sont d'une assez grande dimension. Leurs deux pôles sont réunis par une lame de fer doux, qui a pour but de répartir l'attraction magnétique sur une plus grande surface. Les deux plaques mobiles sont articulées, chacune, à leur extrémité la plus éloignée, avec une tige métallique attachée par l'autre bout à un axe coudé, vertical, et qui supporte à sa partie inférieure un volant horizontal. La machine elle-même fait agir le*commutateur*.

Pour comprendre le jeu de cette machine, il faut se représenter séparément chaque plaque mobile, et voir comment elle est mise en mouvement par l'action attractive de l'électro-aimant. Au repos, les tringles qui supportent la plaque de fer sont verticales, comme le fil qui supporte la lentille d'un pendule ordinaire ; mais si l'on vient à l'écarter de cette position d'équilibre, les tringles se déplacent aussi, et leur extrémité inférieure décrivant une circonférence, la plaque de fer doux devra nécessairement s'élever au-dessus de l'électro-aimant et s'en éloigner plus ou moins en parcourant un chemin circulaire. Si alors on fait agir l'électro-aimant qui est placé au-dessous, la plaque tendra à s'en rapprocher avec une énergie qui ira en augmentant jusqu'à ce que les tringles soient revenues dans leur position respective, c'est-à-dire jusqu'au moment où la plaque de fer doux se trouvera le plus rapprochée possible de l'électro-aimant. En cet instant et pas plus tard, le courant doit passer dans l'autre électro-aimant, pour faire mouvoir de la même façon la plaque mobile placée au-dessus de lui. Ces deux plaques reçoivent donc un mouvement oscillatoire de va-et-vient qui se transmet, au moyen de deux tiges, à l'arbre moteur, absolument comme dans une locomotive le mouvement rectiligne de va-et-vient du piston à vapeur se transmet à l'essieu coudé qui supporte les roues.

La machine de M. Roux présente une disposition avantageuse en ce qui concerne le point d'application de la force des aimants artificiels, et l'heureuse transformation de mouvement qui en est la conséquence. On peut remarquer, cependant, que les pôles magnétiques devant se déplacer continuellement sur la plaque de fer mobile, et ce déplacement des pôles exigeant un certain temps pour s'accomplir dans l'intimité des molécules du métal, il y a nécessairement dans les mouvements de la machine un ralentissement notable, ce qui doit l'empêcher de dépasser une certaine vitesse, et, par conséquent, en diminuer la force.

Nous pourrions signaler encore, parmi les moteurs électriques qui furent présentés à l'exposition universelle de 1855, un appareil de MM. Fabre et Kunemann, successeurs de Pixii, où l'on voit une application de la nouvelle disposition des aimants électro-magnétiques, dus à ces constructeurs, les*aimants tabulaires*, qui développent une puissance magnétique bien supérieure à celle des *aimants en fer à cheval* communément adoptés.

Un autre moteur électrique qui avait été présenté pour l'exposition universelle de 1855, par un constructeur anglais, M, Allen, était fondé sur un principe assez curieux.

L'appareil de M. Allen est composé de seize électro-aimants, fixés chacun sur un cadre de fer, étagés les uns au-dessus des autres par rangées de quatre, et ayant leurs pôles dirigés de bas en haut. Un arbre horizontal, muni d'un volant, et coudé suivant quatre directions différentes, est articulé avec quatre tiges de fer qui passent chacune par le milieu de quatre électro-aimants. Ces tiges superposées portent quatre rondelles de fer doux, qui peuvent glisser à frottement dans le sens de leur longueur ; elles sont retenues, de distance en distance, par quatre saillies de cuivre placées au-dessous. Chacune de ces rondelles est successivement attirée par les électro-aimants qui leur sont opposés et qui viennent s'appliquer à leur surface ; en cet instant, le courant cesse dans cet électro-aimant pour passer dans l'électro-aimant placé immédiatement au-dessous. La rondelle qui correspond à cet électro-aimant est attirée, à son tour, et fait ainsi avancer la tige d'une certaine quantité. Le courant passant de cette manière d'un électro-aimant à l'autre, le mouvement se continuera à chaque révolution de l'arbre, car les tiges qui ont été abaissées seront soulevées, et, avec elles, les rondelles qu'elles supportent et qui seront prêtes de nouveau à être attirées.

Après cette revue des principaux moteurs électriques connus jusqu'à ce jour, il nous reste à exposer les avantages et les inconvénients que peut présenter l'emploi mécanique de l'électricité, et à rechercher si l'on peut songer à remplacer l'action de la vapeur par celle de l'électro-magnétisme, ou du moins à faire intervenir, dans certaines circonstances, les moteurs électriques comme auxiliaires des machines à vapeur.

Les avantages qui résulteraient de l'électricité employée comme moyen mécanique, sont tellement marqués, qu'ils ont frappé tous les physiciens, dès les premiers temps de la découverte de l'électro-magnétisme. En admettant que sa construction réalisât toutes les conditions exigées par la théorie, un moteur électrique l'emporterait sur une machine à vapeur par certaines raisons que nous allons essayer de déduire.

En premier lieu, le point d'application de la force se trouvant, dans quelques machines, sur l'arbre moteur lui-même, donnerait immédiatement le mouvement circulaire continu ; on sait, d'ailleurs, que le mouvement circulaire peut se changer en un mouvement d'une autre direction avec bien plus de facilité que lorsque l'impulsion primitive est rectiligne et ne produit qu'un mouvement de va-et-vient, comme dans la machine à vapeur de Watt.

Les appareils électro-moteurs auraient l'avantage de donner immédiatement, sans autre dépense, sans autre difficulté ni complication, les *grandes vitesses*, dont l'utilité est si manifeste dans une foule de cas. Avec un moteur électrique, *la vitesse ne coûterait pas d'argent*, tandis que dans les machines à vapeur, on ne réalise les grandes vitesses que par des dépenses de combustible et par des transformations de mouvement, poulies, engrenages, etc.

Avec un moteur électrique, on n'aurait point à redouter ces terribles explosions qui, par intervalles, portent l'épouvante dans les ateliers.

Ajoutez enfin la facilité qu'offrirait ce moteur, de pouvoir être installé partout sans exiger d'emplacement spécial ni de local particulier, de fonctionner seul et sans qu'aucune main dût présider à sa direction.

C'est le tableau de ces avantages qui a tant excité l'imagination des mécaniciens de nos jours, qui a éveillé de si grandes espérances et a fait croire un instant que la vapeur allait être détrônée, que la découverte de Papin allait céder la place à celle d'Œrsted et d'Arago. Ce problème a été poursuivi un moment avec tant de passion, que l'on aurait pu considérer le moteur électrique comme la pierre philosophale de la mécanique moderne. Cependant l'expérience acquise par trente années de recherches, et les données exactes que ces recherches ont fournies, ont mis en évidence les innombrables difficultés relatives à cette question. Voici les principales de ces difficultés.

La force électro-magnétique n'est guère qu'une force de

contact ; son intensité diminue, par la distance, avec une rapidité déplorable. Bien que cette loi n'ait jamais été positivement vérifiée, on admet que l'attraction magnétique diminue, comme l'attraction planétaire, selon le carré des distances ; un morceau de fer, attiré par un électro-aimant avec une certaine force, à la distance de 1 millimètre, par exemple, n'est plus attiré qu'avec une intensité neuf fois plus faible quand on le porte à la distance de 3 millimètres. Le mouvement de va-et-vient qui résulte de l'attraction magnétique n'est donc que d'une aptitude ou d'une course extrêmement limitée, ce qui oblige de faire usage, pour l'accroître, de leviers différemment disposés, qui absorbent la plus grande partie de la force vive développée par la machine. C'est à cette faible amplitude du mouvement initial qu'il faut attribuer la difficulté que tous les mécaniciens ont éprouvée, à trouver le point le plus convenable pour mettre en jeu la force des électro-aimants.

Le poids énorme qu'il faut donner aux machines, pour développer une grande quantité de magnétisme, empêcherait d'appliquer les moteurs électriques à la locomotion sur les voies ferrées et sur les navires. Un grand moteur électrique, construit par M. du Moncel, et décrit dans son ouvrage, pesait plus de 500 kilogrammes, et produisait à peine la force d'un homme. Le moteur électrique qui est établi dans les ateliers de Froment, est d'un poids qui excède 800 kilogrammes.

Le dernier et le plus grave inconvénient des moteurs électriques, c'est la dépense excessive qu'ils exigent. M. Froment a reconnu que sa machine électro-magnétique, dont la force est équivalente environ à un cheval-vapeur, nécessite une dépense de 20 fr. pour dix heures de travail, c'est-à-dire de 2 francs par heure et par force de cheval ; dépense très-élevée, si on la compare à celle de la machine à vapeur, qui n'est que d'environ 80 centimes, dans les mêmes conditions.

La commission du jury de l'Exposition de 1855, fit expérimenter, au Conservatoire des arts et métiers, les moteurs électriques de MM. Larmenjeat et Roux, dont nous avons donné la description. Or, il résulta des mesures dynamométriques qui furent prises par MM, Wheatstone et Ed. Becquerel, que ces deux moteurs n'avaient pas même la force d'un huitième d'homme, bien que 30 éléments de la pile de Bunsen fussent employés à les mettre en action.

Louis Figuier

M. Tresca, sous-directeur du Conservatoire des arts et métiers, fut chargé de faire fonctionner devant le jury de la même Exposition, quelques-uns des moteurs électriques ; ceux qui, ayant une dimension convenable, étaient capables de produire une certaine force, et auxquels on pouvait appliquer un frein dynamométrique. Le courant électrique, circulant dans les conducteurs de chaque machine, passait, en même temps, dans un *voltamètre* à sulfate de cuivre. On pouvait donc déterminer ainsi, d'une part, la quantité d'électricité produite, c'est-à-dire la consommation de la pile, d'autre part, grâce au frein dynamométrique, la force mécanique de l'appareil. On reconnut, à l'aide de ces moyens de mesure, que la machine de M. Larmenjeat était celle qui produisait le plus d'effet utile. Mais on constata en même temps, que la consommation de zinc par cet appareil, était de $4^{kil},5$ par heure. Si l'on ne considère que le prix du zinc, supposé à 70 centimes le kilogramme, et qu'on néglige même le prix des acides employés, cette consommation correspondrait à une dépense de $3^{fr},15$ par force de cheval, pour une heure de travail.

Ainsi, la dépense extraordinaire qu'entraîne la production de l'électricité, est l'obstacle le plus sérieux qui s'oppose à l'emploi des moteurs électriques, La difficulté ne réside donc pas dans l'imperfection des machines que nous connaissons aujourd'hui ; on peut dire, au contraire, que pour ce genre d'appareils, on semble avoir épuisé les combinaisons mécaniques les plus variées et les plus ingénieuses. Toute la difficulté réside dans l'impossibilité où l'on se trouve encore de produire de l'électricité à bas prix. Pour rendre l'usage des moteurs électriques applicable à l'industrie, l'effort des inventeurs à venir devra donc porter sur la pile voltaïque. Produire de l'électricité à bon marché, tel est le but qu'il importe de poursuivre pour résoudre le problème du moteur électrique.

Faisons remarquer toutefois que, même dans les conditions présentes, les moteurs électriques sont en mesure de fournir à l'industrie, certaines ressources qui ne sont pas tout à fait à dédaigner. Quand on n'a besoin que d'une action motrice d'une faible intensité, et qui ne doit s'exercer que par intervalles, par exemple dans l'horlogerie et dans les ateliers de petits métiers, là où il importe moins de développer un grand effort mécanique que de produire cette puissance à volonté, instantanément, et en la modérant avec précision, suivant les besoins du travail, dans ce cas, le moteur électrique offre incontestablement des avantages.

Ce qui caractérise, en effet, d'une manière toute spéciale, l'action mécanique de l'électro-magnétisme, c'est sa prodigieuse souplesse, son étonnante docilité ; c'est qu'elle permet de modérer, d'activer, de suspendre ou de rétablir le travail, à la volonté de l'opérateur.

Les résultats que l'on peut obtenir sous ce rapport, tiennent véritablement du prodige. S'il fallait en citer un exemple, il nous suffirait d'invoquer ici le merveilleux mécanisme que M. Léon Foucault a adapté à son appareil pour la *démonstration du mouvement de la terre*. Il s'agissait d'imprimer à un pendule une impulsion mécanique, d'interrompre et d'anéantir instantanément l'action, une fois produite. L'électricité a fourni à M. Léon Foucault le moyen de remplir ces conditions, presque paradoxales.

Nous avons dit que, dans les ateliers de Froment, c'est un moteur électrique qui sert à mettre en action les machines à diviser. Ces machines sont placées dans une petite salle, retirée, silencieuse, et où personne ne pénètre jamais. Leur délicatesse est telle que, pendant le jour, le mouvement des voitures dérangerait leur action : on ne les fait donc, le plus souvent, travailler que la nuit. Mais cette obligation d'attendre pour le travail, l'heure paisible de minuit, serait assez désagréable pour l'artiste ; que fait-il ? Sur le chiffre de son horloge électrique, il accroche un petit levier, qui communique avec le fil conducteur de la pile destinée à mettre en action les machines ; après quoi il va se coucher. À minuit, l'aiguille du cadran vient rencontrer ce levier, le décroche, et la communication avec la pile voltaïque se trouvant ainsi établie, les machines à diviser se mettent en train. Le travail marche ainsi toute la nuit. Quand la dernière division a été tracée, la machine elle-même arrête lemoteur électrique qui la mettait en mouvement, et tout retombe dans le repos. Et nous ne signalons ici qu'une des mille merveilles que peut réaliser le moteur électrique appliqué à un travail de précision.

Ainsi le moteur électrique ne peut rendre, dans l'état présent de la science, aucun service, comme agent producteur de force mécanique ; mais il peut intervenir comme une sorte de rouage, qui a l'avantage de la docilité et d'instantanéité d'action,

L'Exposition universelle de 1867 a manifesté, d'une manière non douteuse, le discrédit complet dans lequel le moteur électrique est tombé dans l'intervalle de douze ans. Nous avons cherché, avec empressement, à l'Exposition du Champ-de-Mars, des spécimens de ce genre de machines, capables de nous éclairer sur l'état de la science et de l'industrie concernant cet appareil. Mais hélas ! combien les temps sont changés ! Tandis que les moteurs électriques abondaient au Palais de l'industrie, en 1855, ils se comptaient à peine par unités à l'Exposition du Champ-de-Mars, en 1867. Dans l'intervalle, en effet, la science a marché, la théorie a jeté ses lumières sur cette question, et des insuccès répétés ont démontré avec évidence, le peu de fondement des espérances que l'on avait fondées sur l'emploi de l'électricité comme force motrice.

C'est que l'électro-magnétisme, nous ne saurions trop le redire, n'est qu'une force de contact ; son intensité diminue avec la distance dans une proportion désastreuse. Comme l'attraction planétaire, cette force diminue, ainsi que nous l'avons dit, selon le carré de la distance. Le mouvement de va-et-vient qui résulte de l'attraction magnétique, étant d'une amplitude si faible, d'une course si limitée, ne peut donner lieu à la construction d'aucune machine à effet vraiment utile.

Le second et le plus grave inconvénient des moteurs électriques, c'est la cherté excessive de l'électricité. Si l'on pouvait produire à peu de frais, la grande quantité de fluide électrique nécessaire pour engendrer des électro-moteurs, on pourrait peut-être poursuivre avec quelque chance de succès la solution de ce problème. Mais, jusqu'ici, nous le répétons, l'électricité ne s'engendre qu'à grands frais : il faut des piles voltaïques, des acides, des métaux, et, tout compte fait, la force d'un cheval-vapeur, que peut développer à grande peine un moteur électro-magnétique, coûte dix fois plus cher que la même force produite par nos machines à vapeur ordinaires.

Il ne faut donc pas être surpris que ce genre d'appareils se soit trouvé représenté par un si petit nombre de spécimens à l'Exposition du Champ-de-Mars, en 1867. Leur absence s'explique par les échecs nombreux qu'ont rencontrés dans ces derniers temps, toutes les machines de ce genre. Des centaines de moteurs électriques ont été construits, et tous ont tristement échoué. Nous serons donc très-bref, en énumérant les moteurs électro-magnétiques qui figuraient dans les galeries du Champ-de-Mars.

En cherchant bien, nous avons trouvé seulement quatre moteurs électriques. Le premier et le plus original était présenté par un ingénieur français, M. Casal, et ses prétentions étaient fort modestes, car il n'avait d'autre objet que de s'appliquer à la machine à coudre, c'est-à-dire de remplacer l'action du pied de l'ouvrière, qui fait mouvoir la pédale de l'instrument. La disposition des bobines électro-magnétiques autour d'une roue dont l'axe porte l'arbre moteur, est fort ingénieuse, et la série d'actions attractives s'exerçant dans un sens tangentiel, est parfaitement entendue ; mais la quantité de force vive développée par un instrument de ce genre serait bien insignifiante si on voulait la mesurer avec exactitude au *dynamomètre*.

Dans l'exposition autrichienne se trouvait un nouveau moteur électrique, de l'invention de M. Kravogl. Cet appareil, imaginé en 1866, a été soumis, selon l'inventeur, à l'examen d'une commission composée de professeurs de l'université d'Insprück, lesquels ont conclu, dit la pancarte, « que la force de son travail est sept fois plus grande que celle du meilleur électro-moteur connu jusqu'à ce jour. » Nous le voulons bien ; mais comme le meilleur électro-moteur connu jusqu'à ce jour n'a jamais valu grand'chose, une puissance sept fois plus forte ne doit pas être bien redoutable.

Dans l'exposition d'un de nos meilleurs constructeurs de physique, M. A. Gaiffe, dont les appareils électro-médicaux ont une réputation européenne, nous avons trouvé un petit électro-moteur construit sur les données de l'appareil dû à Gustave Froment.

Fig. 244. — Moteur électrique de M. Gaiffe.

Louis Figuier

La figure 244 représente cet appareil. E, E' sont les électro-aimants. Deux armatures, *l, l,* placées en face de ces bobines, sont attirées quand l'électricité circule dans les électro-aimants. Elles font partie d'un cadre métallique SCS qui peut se mouvoir dans le sens de l'axe de l'électro-aimant. Ce cadre métallique porte lui-même deux cliquets PR', RP', qui agissent l'un après l'autre et tangentiellement, sur la roue à rochet ; le cliquet supérieur agit lorsque le cadre se meut de droite à gauche, le cliquet inférieur agit dans le mouvement contraire ; mais tous deux, par leur disposition, font tourner la roue dans le même sens.

Le courant ne cesse de passer dans chacun des électro-aimants, que lorsque la lame de fer doux qui lui correspond, est arrivée au contact ; de cette façon toute la puissance de l'électro-aimant est utilisée. Quand l'électro-aimant E a cessé d'attirer l'armature, l'électricité, grâce à un *commutateur* placé au point S, et qui n'est pas visible sur la figure, passe dans l'électro-aimant E', et celui-ci, attirant son armature, détermine un second mouvement de la roue dentée RR'. Ces mouvements, en se renouvelant et s'ajoutant, produisent la rotation complète de l'axe moteur D ; et par conséquent celui de la grande roue ou volant V, que l'on a placée sur un petit rail de chemin de fer en miniature, afin de montrer, par la progression sur les rails, l'action mécanique due à ce petit système.

Ce moteur électrique n'a nullement la prétention de résoudre le problème de l'emploi de l'électricité comme force motrice. C'est tout simplement un appareil de démonstration ou d'étude pour les cabinets de physique et les amateurs ; on chagrinerait beaucoup M. Gaiffe si l'on voulait prêter une autre signification à ce petit modèle.

On peut dire, en résumé, que l'Exposition universelle a donné, quant au moteur électrique, un enseignement précieux à enregistrer, bien qu'il soit négatif. Il nous a annoncé l'évanouissement de ce rêve, si longtemps caressé par une nuée d'inventeurs. En mettant cette conclusion en lumière, nous croyons rendre à une foule de chercheurs un véritable service.

ISBN : 978-1519210784

www.ingramcontent.com/pod-product-compliance
Lightning Source LLC
Chambersburg PA
CBHW070742180526
45168CB00004B/1508